致 谢

感谢斯科特·哈特曼、达伦·奈什和马克·威顿为所有人提供实时更新的信息与资源。

感谢雷德帕斯博物馆和汉斯·拉尔森教授。

 省略

而且，我想你会发现我的教学方法比较……

有那种"身临其境"的感觉。

快来吧，等你来学习！

你说什么？

你想考个好成绩，对吧？

那就快爬进来吧，我们有很多东西要看呢。

这里面比我想象的大一点儿。

哇！这比我想象的大多了！

说到演化，它指的是一类生物体为了更加适应自身所处的自然环境和生态位而发生的变化。

抱歉，也许我们得先解释几个概念。

所谓的**生态位**，指的是一种生物在某个环境下所处的位置。

包括它生活在哪里……

它吃什么……

以及它被什么东西吃。

另一个重要的概念是**共同祖先**，也就是说，由某一种生物演化出了许多其他种类的生物。

它们的祖先都是同一个！

演化无时无刻不在发生，它是一个非常非常缓慢的进程，通常要经过好几百万年。

长 很长 这可真够长的

← 100 万年 →

演化不会发生在已经出生的动物身上。

超级无敌 飞行狗

就算一条狗很想飞，它也不会突然长出翅膀来。

演化是通过生物幼崽 DNA 中微小的变化来实现的。这种变化叫作**突变**。

对，我就是你们美丽可爱的宝宝。

? ? ?

有时，经过突变的生物能比同类存活更久。

条纹会让捕食者迷惑！

这就意味着，比起没有突变的同类，它们能够拥有更多幼崽……

我家宝宝是最擅长生存的！

并且能够把自己的变异特征传递给这些幼崽。

你瞧，几百万年以后，它们就变成全新的物种了。

有条纹的马 ~~有条纹的马~~ 斑马！

演化当中有一些有意思的趋势，比如趋同演化。

它的意思是，彼此之间没有亲缘关系的动物演化出了相似的特征，或者看起来非常相似。

刺猬 豪猪
← 没有亲缘关系 →

比如，海豚和鲨鱼看起来很像，有时甚至很难区分。

但海豚是哺乳动物，鲨鱼是鱼。

它们之所以长得很相似，是因为这两种动物生活在同一个生态位。

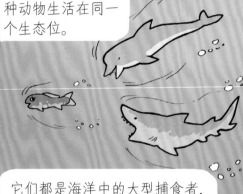

它们都是海洋中的大型捕食者，这种身体形状可以让它们游得更快，从而更容易抓到猎物。

许多大型海洋捕食者都长着这样的体形！

普通海豚 金枪鱼
虎鲸
虎鲨 宽吻海豚
匙吻鲟
剑鱼
白真鲨 白鲸

好吧，好吧，这些东西对于我的考试可有用了，大概吧。

我们为什么非得穿越时空跑到这里来讲呢？

你就不能在你家的客厅里告诉我吗？

当然是因为我把白板放在这里了。

而且这里只是我们旅途的第一站！

知道演化是怎么回事，才能让你更好地理解我们接下来要见到的那些动物，比如它们是从哪儿来的，为什么它们看起来是那个样子，以及它们会到哪里去。

动物？我们要去动物园之类的地方吗？

对啦，"之类的地方"。

你可能需要一点儿帮助，才能理解 2.05 亿年有多长，对吧？

嗯，对。

这么说吧，现代人类出现在大概 20 万年前，前后差 1000 年左右。100 万年是 20 万年的 5 倍。

$$200,000 \times 5 = 1,000,000$$

这样你就能想象到，2.05 亿年要长得多了，那可是人类存在时间的 1025 倍呀！

$$200,000 \times 1025 = 2.05 亿$$

你还是不太明白，是吧？

是的。

那我们就来看看这本大日历！

2.51 亿年前

2.43 亿年前
恐龙出现

如果我们把人类存在的 20 万年看成一个小时，那么恐龙就出现在 1215 个小时以前，换算成天的话就是差不多 50 天。

不过我们要去的时代比那时候稍微晚一点儿，是这本日历上的第 43 天。那时候恐龙已经遍布各地，并且占据了各种不同的生态位。

54 53 52 51 50
46 45 44 43
古 生 代
三 叠 纪
39 38 37
35 34 33
侏 罗 纪
28 27
31 30 29
白 垩 纪
22
21 20 19
18 17 16 15
14 13 12 11 10 9 8
6600 万年前，中生代结束
7 6 5 4 3 2 1
新 生 代

人类存在的时间段

-11-

-12-

君王暴龙要很久很久以后才会出现呢，我们可以先见见它们古老的叔叔阿姨。

比如这些板龙。

你一眼就能看出它们是恐龙，因为它们的腿长在身体下方，而不是像它们的爬行动物祖先一样从身体两侧伸展出来。

伸展开的

直立的

所有恐龙都拥有这样的特征！

太了不起了！

不过，它们会不会打算吃掉我们……

何况，板龙是**植食性动物**，也就是说，它们只吃植物！

不过，这并不代表它们不会把我们踩扁。植食性动物也是很危险的。

不会的，什么东西都伤不到我们。有科学魔法保护我们呢。

为什么板龙身上毛茸茸的？恐龙身上长的不应该是鳞片吗？

有强有力的证据表明，许多早期恐龙身上的确长着毛，这就是所谓的原始羽毛。这很有可能是一个来自所有恐龙的共同祖先的特征！

原始 = 最早的
原始羽毛 = 最早的羽毛

就像这只恶魔龙，它是一只早期兽脚类恐龙。

兽脚类恐龙大多是肉食性动物，也就是吃肉的恐龙。

这其中也包括你很感兴趣的君王暴龙。

兽脚类恐龙的骨头是空心的，重量很轻。而且它们是二足动物，换句话说，它们是用两条腿走路的。

这家伙也是毛蓬蓬的！

没错，几乎所有兽脚类恐龙身上都长着原始羽毛。这些毛可以帮助它们维持合适的体温。

我知道这是什么！会飞的恐龙！

实际上，这些根本不是恐龙。它们是翼龙，一种会飞的温血爬行动物，与恐龙的亲缘关系很近。

然而它们不是恐龙！

空枝翼龙

直双型齿翼龙

翼龙不是第一种飞上天空的脊椎动物。

可是其他会飞的脊椎动物实在是……

依卡洛蜥

沙洛维龙

飞得不怎么样。

翼龙的翅膀和鸟类或蝙蝠的不一样，不过它们仍然拥有和陆生脊椎动物相同的上肢骨骼结构。

不按比例

指部

腕骨

尺骨

桡骨

肱骨

连我们都和它们长着同样的上肢骨骼呢！

这些家伙身上也是毛乎乎的，这种毛和恐龙身上的一样吗？

不一样，这种毛叫作致密纤维，它和羽毛或绒毛都不太一样。

不过，有些古生物学家认为，致密纤维可能是由原始羽毛演化来的，那就说明翼龙和恐龙的祖先都是毛蓬蓬的！

看来古生物学家还有很多东西需要搞明白呀。

比如说翼龙怎么捕食这个谜团。我们现在已经非常确定，它们主要是飞下去抓那些运气不好的游到海面附近的鱼来吃。

是呀，这个研究领域非常令人激动！

每一块新发现的化石都能为古老的谜团提供一些微小的线索。

哇哦！

不过，留在海洋深处的鱼未必就很幸运。

水里那个巨大的黑影是什么？

难道是某种鲸鱼吗？

我们下去看看吧！

你说什么？

啊！！！

对哦，我们刚才说过差不多的情况，那个叫什么来着？

趋同演化！

说到这个，你还记得海洋里的很多捕食者看起来都差不多吗？来认识一下秀尼鱼龙，它在当时的海洋中处于食物链的顶端，是最古老（体形也最大）的鱼龙目动物之一。

鱼龙看起来很像海豚，因为它们长着长长的吻部，体形也有些相似（但秀尼鱼龙看起来更像金枪鱼）。

鹦鹉螺

你确定我们在这里是安全的吗？我今天真的不想被吃掉，而且那家伙的嘴巴好大啊。

箭石

别担心，鱼龙更愿意吃鱼和头足类动物，比如鱿鱼，我们这种浑身是骨头的陆生动物不太对它们的胃口。

我可不太信任这些爬行动物冷冰冰的眼神。

如果你更愿意看那种小小的毛茸茸的动物，我们可以去见见我们的曾曾曾曾……

……曾曾曾曾祖，也就是最早的哺乳动物！

哺乳动物是拥有毛皮，并且会分泌乳汁哺育幼崽的温血脊椎动物。

我真的不知道恐龙和哺乳动物曾经生活在同一个时代！

很多人都以为恐龙灭绝后哺乳动物才出现，然而实际上，在整个中生代，哺乳动物一直存在。

在我们的时代，哺乳动物不仅分布广泛，而且彼此之间差异很大。我随便举几个例子，你和我是哺乳动物，猫、狗、大象和海狮也是哺乳动物。

但是，在三叠纪，绝大多数哺乳动物看起来都差不多。

它们小小的、毛茸茸的，住在底层灌木中的洞穴里，等到天黑以后才出来找美味的虫子吃。

摩根锥齿兽

它们是从蛋里孵出来的！什么哺乳动物会生蛋呀？

在很长的一段时间里，所有哺乳动物都是从蛋里孵出来的。如今还有一些这样的哺乳动物，比如鸭嘴兽和针鼹。

恐龙又大又酷，虫子又小又无聊，这不是明摆着的吗？

又小又无聊？这么说，你从来没见过巨翅目昆虫吧？

这可能是因为它们在三叠纪结束之前就灭绝了。

虽然看起来更像螳螂，但它们实际上是蟋蟀的亲戚。

巨翅目昆虫会用那两条长着尖刺的前腿抓住它们想尝一口的任何昆虫、爬行动物乃至哺乳动物。

哦，对了，这里还有一些同样非常重要的昆虫。

演化树是科学家用来展示一种生物是如何来源于其他生物的示意图。

你　侄女　侄子　姐姐　嫂子　爸爸　妈妈　表兄弟　姑姑　表姐妹　姑父　祖父母

简单来说，它能够展示出生物是如何演化的，生物彼此之间的关系是什么，以及它们在哪些方面是不同的。演化树和家族树非常像。

不过我们要讨论的可不是人类的家庭，而是主龙！

我们从画下第一个节点开始。

主龙类

这个节点代表所有主龙类动物在演化历程中的共同祖先。

从这个节点开始，我们再画出连接到其他许多节点的"树枝"，每根树枝都代表着由这个祖先演化而成的一个物种。

由同一个点发展而成的物种被称为姊妹群（旁系群），因为它们有些像是兄弟姐妹！

波斯特鳄
鳄形超目
坚蜥

但是，我们怎么知道什么时候应该把某个种类划进姊妹群里呢？

当一种动物演化出与祖先不同的特征时，它们就被划分为新的种类了。

举个例子，我们先画出这个节点，用它来代表翼龙和恐龙的祖先。

这个祖先的一部分后裔演化出了直接位于身体下方而不是伸展在躯干两侧的四肢。

哇哦，
看我的翅膀！

这一部分动物成了恐龙。

而另一群后裔则演化出了翅膀和中空的骨头，成了翼龙。

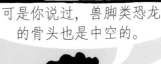

可是你说过，兽脚类恐龙的骨头也是中空的。

啊，这个物种是与翼龙分离后才演化出空心骨头的。

不能因为某种动物演化出了和另一种动物一样的特征，就说这种动物变成了另一种动物。

嘿！别学我的风格！

接着，恐龙主要分成两大类，这是由它们不同的臀部结构来区分的。

拜拜啦，笨蛋们！

鸟臀目

恐龙

翼龙

其中一类是鸟臀目恐龙，比如剑龙和三角龙，以及我们很快就能遇到的其他许多恐龙。

鸟臀目的意思是"臀部像鸟"，因为它们的臀骨结构和鸟类的臀骨结构非常相似。

尤其是这个部位

但是鸟类实际上属于另一个恐龙家族，那就是"臀部像蜥蜴"的蜥臀目恐龙。像鸟的臀部结构也是趋同演化的一个好例子！

蜥臀目

鸟臀目

蜥臀目恐龙包括我们刚才遇到的两类恐龙——兽脚类恐龙和蜥脚类恐龙。

我之前说过，鸟类也是恐龙。它们是兽脚类恐龙的一种。

非鸟类

鸟类

兽脚类这个节点可以被划分为这两种。

实际上，鸟类和并非鸟类的兽脚类恐龙长得非常像……

非鸟类

鸟类

有时候很难分清楚什么恐龙是鸟！

那是啥？

所以，简单来说，鸟类是恐龙的一种，而恐龙是主龙类的一种……

不！！！我被赶下台了！

就像人类是类人猿的一种，而类人猿是哺乳动物的一种一样。

现在你明白一点儿了吗？

是的！

太好了，演化树果然最棒啦！

三叠纪结束后，世界气候的变化导致了一次**大灭绝**。

也就是说，许多物种在相当短的一段时间内全部灭绝了。

2.43亿年前 恐龙出现

2.05亿年前

侏罗纪晚期

1.51亿年前

6600万年前，中生代结束

人类存在的时间段

许多并非恐龙的主龙类动物都在这次大灭绝中消失了。

不过，就像我们刚才学过的那样，一旦有生态位空出来，很快就会有动物填补上那个位置！

这些植物和上次看到的差不多呀，只不过长得更大也更密了。

是的，因为空气湿度很大，所以植物都长得很好。

随着植物越长越大……

这里是南劳亚古大陆

吃这些植物的动物也越变越大了。

我的老天，它们可太棒啦！

梁龙

蜥脚类恐龙变成了不折不扣的庞然大物，这都要感谢它们特殊的足部结构和长长的脖子。

这种长脖子可以让它们更轻松地获取食物。

而它们的大脚也足够结实，不会被身体的巨大重量给压弯或压垮。

它们背上这些骨板是做盔甲用的吗？

其实这些骨板挺脆弱的，所以在防护这方面派不上什么用场。

这些东西更多是用来看的，拿来吓唬掠食者或跟其他剑龙沟通！

我是个大块头！

哦嚯，好大呀！

关于剑龙还有一个有意思的小知识，在所有恐龙中，剑龙的脑子与身体的比例是最小的，这意味着它们不太聪明。

呃……

如果你想看很酷的天生的盔甲，那就来看看剑龙的亲戚甲龙吧。

它们浑身上下长满了带尖刺的骨头甲壳，捕食者遇到它们可真是踢到铁板了。

迈摩尔甲龙

听懂了吗？就像踢到装甲铁板一样！

反正我讲笑话一向没人懂。

在劳亚古大陆东北部，也就是如今的中国，有一类非常有意思的恐龙刚刚出现……

那就是角龙类。它们最有名的特征是尖尖的喙，以及从颅骨后面伸出的骨板。

我们还能在附近找到它们可爱的亲戚——毛茸茸的古林达奔龙！

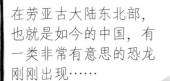

宣化角龙

朝阳龙

它们有什么特别的地方呢？

除了长得特别特别可爱之外！

这可是我们发现的第一种既不是兽脚类，又能百分之百确认长着原始羽毛的恐龙！

对于科学家来说，这个发现给原始羽毛可能是所有恐龙的一项先祖特征的理论提供了很好的依据，所以我们见到了那么多毛乎乎的植食性恐龙。

古林达奔龙的存在并不能证明所有恐龙都一定有羽毛，但是它能说明所有恐龙都可能长着近似羽毛的结构。

比方说棘刺，这种结构在角龙类恐龙身上似乎很普遍。

它给我们带来了全新的可能性，让古生物学家能够去发现许多有趣的、基于原始羽毛的新结构。真是想想就觉得激动呀！

说到长羽毛的恐龙，我们去看看兽脚类恐龙怎么样了吧！

君王暴龙，君王暴龙，君王暴龙……

还不是……

喂，不要伤害小美颌龙的感情嘛。它可是非常特别的。美颌龙是所有非鸟恐龙类里最小的一种！

当然，它看起来是不怎么有威慑力，但它对当地的昆虫、哺乳动物和蜥蜴来说依然是可怕的捕食者。

不一定非要长得又大又吓人，才能拥有重要的地位呀。

"非鸟"是什么意思？

"鸟类"是所有鸟儿作为种属的称呼，"非鸟"这个概念说的是不属于鸟类或与鸟类没有联系的情况。

当我们谈到那些不是鸟类的恐龙时，我们可以叫它们**"非鸟恐龙类"**。

但鸟类和非鸟恐龙类之间的界线是比较模糊的。

始祖鸟就是这样一个例子。

它身上拥有许多鸟类的特征，和最早的鸟类有着非常紧密的联系。

但它身上也有很多非鸟类的兽脚类恐龙的特征。

始祖鸟

鸟类

非鸟恐龙类

所以，古生物学家们至今还在争论它应该属于哪一类呢！

可是，我以为鸟类是从恐龙演化而来的。恐龙还没灭绝，它们怎么就开始演化了呢？

首先，鸟类是恐龙的一种；其次，它们的确是从恐龙演化而来的。

但我们说一种动物是由另一种动物演化而来的，并不意味着原本那种动物一定灭绝了。

曙光鸟，一种鸟类

就像狗是从狼演化而来的，而狼和狗同时存在！

还有一个非常酷的小知识：古生物学家们已经发现一些变成化石的羽毛是什么颜色的了！

这就是始祖鸟真正的颜色。

还有它们的近亲近鸟。

对了，既然你那么想看君王暴龙，先见见它的亲戚怎么样？比如这只史托龙。

哥们儿，你还得长长个子呀。

没礼貌

它们毕竟生活在一个"大型陆地掠食者"生态位基本满员的地方。

平原上有像异特龙或角鼻龙这样的大家伙在的话，史托龙长得小一点儿就不奇怪啦！

异特龙

角鼻龙

而且并不是长得小就不酷了。

至于其他主龙类……

-43-

我们在三叠纪看到的那些食草的坚蜥已经和许多大型肉食性动物一样在侏罗纪开始时的那场大灭绝中消失了。

但是主龙家族依然繁荣昌盛，只是变得小了一点点。

栉颌鳄是一种生活在劳亚古大陆淡水湖泊与河流中的主龙类动物。它们以鱼类和其他所有能吃得进去的脊椎动物为食。

哇，它们长得就像小小的鳄鱼一样！鳄鱼就是从这种动物演化来的吗？

就知道你会这么想，不过你在河里可找不到和现代鳄鱼关系最近的亲戚。

就像它们生活在三叠纪的表亲陆鳄一样，它们更喜欢在陆地上生活。

别担心，蝙蝠还得过几百万年才会出现呢。

这些是捕食昆虫的小型翼龙，名字叫无颚龙。

这难道不是你见过的最可爱的东西吗？

我觉得我还是喜欢长得像小狗的东西。

好吧，这些家伙不是你的菜。

侏罗纪还有许多其他种类的翼龙，也许总有一种你喜欢的！

在劳亚古大陆的海岸上，翼龙家族的发展正处于巅峰。现在它们分为两个主要的种类。

一种是原始翼龙，它们还像古老的祖先一样长着长长的尾巴。

抓颌龙

颌翼龙

鸷翼龙

梳颌翼龙

另一种是翼手龙类，它们的尾巴较短，并且头部的形状非常古怪。

翼手龙

它们绝大多数都是吃鱼的，不过有些翼手龙也会吃小型蜥蜴和哺乳动物。

德国翼龙

它们脑袋上长的这些东西是干吗用的？

鹅喙翼龙

这些东西被称为"冠"，它们可能是在求偶过程中用作展示，也就是用来吸引雌性的。

你好啊，帅哥。

哎哟，当我没说。

雌性翼龙和一部分雄性翼龙的冠要么小一些，要么完全没有。

当然，还有几种大型海洋掠食动物在和鱼龙竞争。

包括这些长脖子的蛇颈龙。它们经常被错当成恐龙，然而这种动物其实和恐龙离得很远。

地龙

达克龙

启莫里龙

它们和海洋食物链顶端的掠食者上龙有着很近的亲缘关系。

滑齿龙

冯氏上龙

蛇颈龙和上龙都是我们在三叠纪看到的海洋龙的近亲。

吞下一个人对这些家伙来说完全是小意思！

没错，不过它们可能从来没尝过哺乳动物。就算它们把我们吞了，也会立刻吐出来的。

这个时代的哺乳动物依然生活在很远很远的地方，藏在下层灌木丛里呢！

它们比我们上一次看到的更加多样了。

有一些演化成了**杂食性动物**，它们既可以吃动物，也可以吃植物。

还有一些过上了半水生的生活，有点儿像我们时代的鸭嘴兽和水獭。

柱齿兽

獭形狸尾兽

但是很多哺乳动物依然生活在洞穴里或树梢上，它们在夜间活动，捕食小型脊椎动物和昆虫。

在侏罗纪晚期，这样的哺乳动物里有一种和我们人类的亲缘关系最近，那就是侏罗兽。

那是一种生活在树上的小型食虫性动物，也就是主要以昆虫为食的动物。如果没有这些小家伙的话，也就没有我们了！

与此同时，侏罗纪的沼泽里也出现了很多现代生物的祖先。

我们时代的三种主要的两栖动物如今正在这片湿地的岸边与树干上爬来爬去或蹦蹦跳跳呢。

它们就是青蛙和蟾蜍……

纤蛙

蝾螈……

卡拉螈

曙蚓螈

以及蚓螈！

等等，第三个是什么？

我想，很多人都不知道蚓螈，哪怕它们在我们的时代依然存在。

它们是一种长得像蛇的两栖动物，生活在洞穴里。虽然和蛇长得很像，它们却不是蛇。

蛇是爬行动物，它们身上长着坚硬的鳞片，而且绝大多数蛇都会产下拥有粗糙硬壳的卵。

而蚓螈是两栖动物，它们体表光滑，有黏液，产下的卵没有硬壳。

这意味着它们必须在水边产卵，这样卵才不会干燥。

它长着奇怪的小小的腿！

是的，不过这腿没有什么用处。

在我们的时代，蚓螈已经演化得完全没有腿了。

你猜这些两栖动物吃什么呢？

嗯……体形比它们小的东西吧。

昆虫之类的？

没错……

哎呀，这条蛴螬看起来不太对劲。

这条倒霉的幼虫不幸成了寄生蜂的宿主。

不过，"虫生"就是这样嘛！

寄——寄生蜂？

是呀，跟三叠纪那些脾气温和的植食性祖先相比，侏罗纪的胡蜂发生了一点儿变化。

它们身上那根用来切割树叶的产卵器现在变成了毒针，可以用来麻醉甲虫的蛴螬，然后在这些幼虫体内产卵。

啊呵！

又不走啦伙计。

喂，别这样。

那些胡蜂卵一旦孵化，就会开始从体内一点一点吃掉还活着的蛴螬。

哎哟，这可太不舒服了。

谢啦，朋友！

在我们的时代，有些胡蜂依然会这么做。幸好它们从来没有在我们哺乳动物身上试过！

那么你再跟我说一遍，为什么我不能打死三叠纪的那些叶蜂？

哎呀，你早晚会明白的。

我知道你现在在想什么——

我啥时候才能看到君王暴龙？

啊，不对……我以为你想的是……"如果原始羽毛只不过是一团毛蓬蓬的东西，那羽毛是怎么演化得适合飞行的呢？"

你这么一说，我也觉得这一点很神秘了。

那就好，因为我正准备把这一点给你讲清楚！

就像你看到的那样，原始羽毛都是单股的，长得像毛发一样。

它们其实是突变过的鳞片，可以比鳞片更好地帮助恐龙保持身体的温度。

在一代一代的繁育中，原始羽毛不断地发生着突变，对恐龙本身和它们的卵的保温效果越来越好。

鳞片

棘刺

原始羽毛

最终，它们就变成了货真价实的羽毛。

吱吱！

实际上，你可以从鸟类在蛋里生长的过程中看到完整的经过！

不过，温度并不是羽毛演化成它们如今的样子的唯一原因。

嗯哼！

羽毛也是一种用来吸引"女士"的装备。

在我们的时代，许多鸟类都拥有色彩斑斓的装饰性羽毛，它们会用这些羽毛来吸引伴侣。

孔雀

极乐鸟

这种用于求偶的展示是羽毛变得如此复杂的原因之一！

快看我！

孔子鸟

那么这是不是也能解释为什么有些非鸟恐龙类也有像鸟一样的羽毛呢？因为这些羽毛不是为了飞行而演化出来的，而是为了炫耀和展示？

对，推论得很好！

那么恐龙一开始是怎么飞起来的呢？

啊，这是个古生物学家仍然在争论的问题。

他们好像经常争论，是不是？

是的，不过这是因为还有很多不为我们所知的东西！

每涌现一代新的古生物学家，我们就能对人类出现之前的世界多了解一些。

就目前而言，人们接受度最广的理论是恐龙的翅膀一开始是用来更快地爬到树上的。

通过不断挥舞上肢，它们能够往树上跳得更高。

这样既可以帮它们猎食，也能让它们躲开掠食者。

在我们的时代，有些鸟类的雏鸟也是这么做的。

一些恐龙的翅膀演化得越来越适合挥舞……

最后，它们终于学会了飞翔。

哇，原来飞上天空需要这么多步骤呀！

是的，当然不轻松了。不过，你知道什么比较轻松吗？

那就是穿越时空！

你应该能认出这里的许多植物了吧，比如针叶树、银杏以及蕨类。

在这个时代，你会看到一个意义重大的全新的事物。

那就是会开花的植物！

花朵中的花粉可以传播到其他植物上，这样就能结出种子了。

对于植物的繁衍来说，开花是一种非常有效的方式。

好啦，恐龙来啦！

哇！这些家伙的体形总是那么惊人。

可不是嘛！这些是波塞东龙，它们是最后一批漫步于劳亚古大陆的巨型蜥脚类恐龙。

蜥脚类恐龙的巅峰时期是侏罗纪，不过它们在白垩纪同样分布广泛，并且占据了很多植食性动物的生态位。

和波塞东龙共享这片土地的有禽龙类……

腱龙

还有一种尖刺特别多的甲龙类恐龙，叫作蜥结龙。

蜥结龙看起来很像我们在侏罗纪见过的肯氏龙……不过它们不是由肯氏龙演化来的，对吧？

所以，这又是一个趋同演化的例子！

没错！你现在已经是专家啦！

与此同时，在劳亚古大陆的东北端，也就是如今的中国，长着棘刺的角龙们过得很不错。

它们现在依然个子小小的，非常可爱，比如这些鹦鹉嘴龙。

劳亚古大陆东北部

鹦鹉嘴龙的尾巴上长满了棘刺，这样掠食者打算吃它们的时候就得多考虑考虑了。

这些棘刺是怎么来的呢？

它们很有可能是由原始羽毛演化来的，这是证明所有恐龙的共同祖先拥有原始羽毛的又一个证据。

这些棘刺和豪猪的刺很像，只不过它们不是由毛发而是由原始羽毛演化来的。

这只蜥脚类恐龙看起来有点儿小啊。

至少对于蜥脚类恐龙来说有点儿小。

确实是这样，冈瓦纳大陆的蜥脚类恐龙，比如里奥哈龙和嘴巴像铲子一样的尼日尔龙，都比它们生活在北方的伙伴个子小很多。

艾尔雷兹龙

尼日尔龙奇怪的嘴巴有什么用处呢？

和其他从树顶取食的蜥脚类恐龙不同，尼日尔龙吃的主要是离地面比较近的植物。

它们在演化中占据了一个与其他蜥脚类亲戚不同的生态位，这种形状的嘴巴对它们来说非常有用。

无畏龙

这一带的兽脚类恐龙看起来也非常有意思。

我终于能看到君王暴龙了吗？

别那么着急嘛，小鬼！君王暴龙还在几百万年后呢。

唉……

-67-

与此同时，在劳亚古大陆日后成了蒙古的最东端，兽脚类恐龙占据了不少有趣的全新的生态位。

这时出现了一些独特的植食性兽脚类恐龙，比如阿拉善龙。

阿拉善龙长着巨大的爪子，它们会用爪子把鲜美可口的嫩叶从树枝上扯下来。

大爪子也能让植食性动物保护自己，在抵御雄关龙这样的掠食者时非常有用。雄关龙是君王暴龙的亲戚之一。

还有一些小个子兽脚类恐龙生活在这里，比如鸟类和中国鸟脚龙。

中国鸟脚龙是最聪明的恐龙之一。

虽然它们可能不像乌鸦一样聪明，不过也很机灵了！

乌鸦很聪明吗？

是啊，年轻人！它们能记住不同的面孔，还会使用工具。

可得对乌鸦满怀敬意。

现在我们到冈瓦纳大陆去，看看鳄形超目过得怎么样吧！

看鳄鱼，好耶！

CRUNCH

当然是去海边了，如今这里的天空是翼手龙的地盘啦！

实际上，地面上也是。

就像这些雷神翼龙一样，有些翼手龙养成了吃鱼类之外的东西的习惯。

它们会在陆地上觅食，寻找种子和坚果，如果能抓到哺乳动物或蜥蜴也照吃不误。

而劳亚古大陆的准噶尔翼龙这样的翼手龙则学会了捕食螃蟹和贝类，它们会用形状特殊的下巴敲碎硬壳。

不过，绝大多数翼手龙还是在水里捕食的，它们会从空中滑翔下来，把贴近水面的鱼一口叼走。

掠海翼龙

妖精翼龙

西阿翼龙

冈瓦纳大陆海岸

只是开玩笑，我们在水下一样能呼吸。

不会有事的。

既然我们已经到海里了，不如就看看有哪些很酷的动物生活在这里吧！

这些是楯齿龙吗？

啊，这次你看到的是货真价实的海龟！大致在三叠纪晚期，海龟就已经出现了。不过，到了这个时候，它们才彻底离开陆地。

桑塔那龟

只是，如果它们以为回到海里就可以避开捕食者的话，那它们就想错了。

鄂尔多斯龟

伍伦加龙

虽然这时候鱼龙类已经灭绝了，但海龟还得时刻留意蛇颈龙。

我们在侏罗纪看到了一些蛇颈龙，不过白垩纪早期才是它们繁荣发展的时期。

尼可斯龙

卡拉瓦亚龙

哦，因为蛇颈龙长得有点儿像生活在水里的蜥脚类恐龙，我还以为它们是植食性动物呢！

现在仔细看了看它们的嘴巴以后，我觉得不是的。

在冈瓦纳大陆的西北部，迷人的四足蛇就藏在树丛里。

这可是世界上第一种蛇呀！

我说"可爱"的时候想的其实不是这样的动物……

不过它也挺可爱的，而且至少它不能吃我。

哦，它也有四条小腿呢，就像侏罗纪的蚓螈一样。

对！蛇和蚓螈的演化方式基本上是一样的。因为它们像蚯蚓一样生活在洞穴里，所以它们的腿就逐渐消失了。

但是蚓螈和蛇并没有亲缘关系，所以这也是趋同演化。

对！一点儿没错！

四足蛇主要捕食小型蜥蜴，偶尔可能会吃几只昆虫或哺乳动物。

哎哟喂，我们的祖先好可怜。

别担心，和我们血缘关系最近的祖先住在很远很远的劳亚古大陆东北方呢。

这时已经出现了几种全新的哺乳动物，其中包括在我们的时代依旧存在的三类。

这三类哺乳动物分别用不同的方式繁育幼崽。

第一类是有胎盘的哺乳动物，我们就属于这一类。它们不会像许多脊椎动物一样产卵，而是直接把幼崽生下来。

始祖兽和中国袋兽生活在同一片森林中，中国袋兽是最早的有袋类哺乳动物。

这些始祖兽是这个时代与我们血缘关系最近的祖先！

有袋类哺乳动物会直接把幼崽生下来，不过，在那之后，它们会把幼崽放在肚子上的袋子里，直到幼崽可以自己走路为止。

在我们的时代也有一些有袋类哺乳动物，你应该听说过吧，比如袋鼠、考拉以及负鼠！

与此同时，我们还能在冈瓦纳大陆的东南角（这个地方后来变成了澳大利亚）看到硬齿鸭嘴兽，那是最早的卵生哺乳动物。

卵生哺乳动物是下蛋的！硬齿鸭嘴兽长着像鸭子一样的喙，在我们的时代，很多卵生哺乳动物也长着这样的嘴巴。

等一等，我猜猜看：这些哺乳动物大多数生活在树上或地洞里，吃的主要是昆虫，对吗？

还有种子！

你说得没错，在整个中生代，哺乳动物都处在这个生态位上。

这一点有利于它们的生存，所以没有必要改变太多。

那么……又得说君王暴龙了。

我并不是不喜欢在这里看到的其他东西啦，不过咱们是不是可以，嗯，比如……

亲眼看看君王暴龙了？

我看也是时候去下一站了，对吧？

那就再前进 4400 万年，到……

白垩纪晚期

白垩纪

6800万年前

新生代

我们现在到了非鸟恐龙类最后的时代。

这时候的地球看起来和我们那个时代已经差不多啦!

不过,还是没有冰盖,是吧?

是的,因为这时候的平均气温并不比白垩纪早期低多少。

北美洲

欧洲

南美洲

非洲

亚洲

印度半岛

南极洲

大洋洲

在两极附近,冬天的确既寒冷又严酷,但是还没有冷到能够形成永久冰盖的地步。

哎,你可得看看那些植物变成什么样了!

现在已经是开花植物的天下了，原本的松树林逐渐被它们接管。这里有许多山毛榉、柳树、无花果树，还有各种各样的落叶植物。

你还记得什么是落叶植物吗？

当然啦！就是季节变化的时候叶子会脱落的植物！

没错。

山毛榉

柳树

在整个中生代，我们到处都能看见蕨类植物、苔藓和木贼，现在则有了不少草本植物。

这个世界正飞快地转变成我们认识的模样！

无花果树

嘿，我们之前没怎么看到过这个……

那就是蝴蝶，因为现在有很多开花植物，所以它们的日子过得不错。

这些植物很合毛毛虫（蝴蝶的幼虫）的胃口，所以，随着植物繁荣发展，蝴蝶家族也壮大起来。

蝴蝶并不是唯一从开花植物身上获得好处的动物。

就像我们在白垩纪早期看到的那样，花朵往往倾向于利用动物来传播自己的花粉。

蜜蜂正是靠这一点闯出了一片天下。

啊啊啊！是蜜蜂！

不要怕，蜜蜂是非常友好的。它们是植食性动物，只有到了万不得已的时候，它们的刺针才会派上用场。

胡蜂可就稍微凶一点儿了。

有时候，即便你只是离它们的巢穴近了一点儿，它们也会主动过来攻击你。

从这里滚开，蜜蜂！

这就走，这就走！

那你为什么不让我在三叠纪就把它们消灭掉呢？我们原本可以把整个世界从它们的毒刺之下拯救出来的！

因为它们虽然攻击性很强，却是非常重要的昆虫掠食者。

我到死都不会放过你！

哎哟，拜托，别这样。

在我们的时代，它们能够让所在地区的昆虫数量不至于变得太多。

它们的存在确保了区域内有足够的空间，能够让昆虫和其他动物生活得舒适。

不要啊！吉姆！

不过我有更多吃的了。

何况，如果三叠纪的叶蜂灭绝了，我们现在就没有蜜蜂了！

假如没有蜜蜂，花朵就不会分布得这么广泛了。

那今天的我们就吃不上美味的水果和蔬菜啦。

好吧……你说得没错。

昆虫确实很重要，即便是很吓人的昆虫，可能也在这个世界里扮演着不可或缺的角色。

太好啦！我就知道你会学会欣赏昆虫的。

现在我们还是赶紧离开这里吧，虽然我很喜欢膜翅目昆虫，可我一点儿也不喜欢被它们蜇。

入侵者！

入侵者！入侵者！！！

在白亚纪早期，我们见到了不少大型翼手龙，它们在抓鱼之外学会了不少其他的捕猎技巧。

这个时代的大型翼手龙继承了这样的光荣传统！

这是风神翼龙，我们发现的体形最大的翼手龙之一，它几乎从来不吃鱼。

再见啦，残酷的世界！

它更喜欢在劳亚古大陆南部的平原上狩猎，寻找能抓到的各种小动物。

它好大呀！就像长颈鹿一样高！

阿氏翼龙

哈特兹哥翼龙

这家伙真的能飞吗？

它当然能飞啦，而且当它展翅翱翔的时候……

-86-

这样一来，"大型海洋掠食者"的生态位就空出来了，对吧？

然后沧龙类动物经过演化填补了这个空位？

没错，小鬼。

猎章龙

艾伯塔泳龙

不过，并不是所有海洋掠食者都灭绝了。有几种蛇颈龙幸存了下来，它们以鱼为食，并且努力躲避着沧龙类掠食者。

水怪龙

海泡龙

它们真是又大又吓人，可是它们实在太酷了，我甚至不觉得害怕。

那你想不想看看你那些不那么吓人的鳄形超目朋友怎么样了？

啊，当然想啦！我希望它们依然很可爱。

这个嘛，就要看你怎么定义"可爱"喽。

比如，在这个以后会变成马达加斯加的地方，我们发现了一种和我们认识的鳄鱼长得很像的鳄鱼，那就是马任加鳄。

这里也有个子较小、行为敏捷的鳄鱼，就像我们在白垩纪早期看到的鳄鱼一样，比如阿拉利坡鳄。

这个时候还出现了不少我们之前没有见过的物种，比如狮鼻鳄，它们是浑身长着甲壳的植食性动物。

很多植食性动物都长着甲壳。

用甲壳来抵御捕食者应该非常管用！

真是个完美的结论。

再往西边一点儿，我们会看到别的和杰出的陆生掠食者同场竞技的半水生鳄鱼。

比如可怕的战士鳄。

战士鳄

埃他鳄

莫林纽鳄

还有没那么可怕的莫林纽鳄。

可惜呀，它们都没有西尔维亚那么棒。

我们还是走吧。

没问题。

这些可爱的小鳄鱼脸又让我想到它了。

那些蜥脚类恐龙可得时刻提防着庞大又凶猛的食肉牛龙！

食肉牛龙是我们在白垩纪早期见过的隐面龙的亲戚，你可能已经发现了，它们有一些特征非常相似。

比如它们较短的面部，以及短小粗壮的前肢。

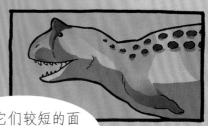

等等，毛到哪儿去了？这家伙身上光溜溜的。

它身上还有疙里疙瘩的东西，就像鳄鱼一样，那是什么？

这些疙瘩叫作"盾板"，是从皮肤下面凸出来的小片骨板。

南方盗龙

食肉牛龙没有原始羽毛，主要是因为它们生活在既炎热又干燥的环境里，羽毛派不上用场，所以它们最终就没有羽毛了。

在我们的时代，不少哺乳动物也因为这样的理由而不再长皮毛了，比如人类！

说到人类，对于我们脆弱的身体来说，这片沙漠的气候实在是太热也太干了。

我们还是去凉快一点儿的地方，看看那里的恐龙吧。

啊，真不错，劳亚古大陆东北部的平原和森林里凉快多了，这个地方就是未来的中国。

森林里确实凉快了一点儿！可是比刚才要吵多了！

这些声音是哪里来的？

山东龙

卡戎龙

青岛龙

扇冠大天鹅龙

这是鸭嘴龙的叫声，它们头上的骨冠可以说是天然的喇叭。

还记得我们在白垩纪早期见过的阿拉善龙吗？

它是食草的兽脚类恐龙，对吧？

是的，而且这种食草的习性还在不断发展。劳亚古大陆东北部最大的兽脚类恐龙已经不再是可怕的肉食性动物……

而是吃素的植食性动物了，它的名字叫恐手龙。

虽然这只镰刀龙也有巨大的爪子，不过，就像阿拉善龙一样，它主要用爪子把树叶从树枝上扯下来。

当然，如果需要保护自己的话，它会用爪子来自卫。

角龙类还有了一个全新的旁系群，那就是肿头龙类。

它们独特的头部构造非常有名。

冥河龙

倾头龙

肿头龙

它们的头上覆盖着一层厚厚的骨头，那可能是用来冲撞袭击者或其他肿头龙的。

不过这个构造也可能是用作装饰，帮助肿头龙吸引伴侣。

在长了许多装饰性结构的肿头龙家族中，这种情形可能更加常见，比如霍格沃茨龙王龙。

嘿！

不要用脑袋撞！

哇哦，快看那边的帅小伙！

可不是，那个大脑壳真精神！

等等，这个名字难道是……出自《哈利·波特》？

而且这个名字很合适，因为在我们对恐龙有所了解之前，许多关于西方龙的传说都是为了解释恐龙骨头而编出来的！

古代人

是啊，古生物学家们也有娱乐嘛。

传说中的西方龙身上总是长着犄角和尖刺，看看这些家伙，你就知道这些灵感是从哪里来的了。

这些植食性动物有好多保护自己的方式。

这说明附近有大型掠食者，而且很可能是酷酷的兽脚类恐龙！

那么，根据我们学到的东西来看……

完全没错！

同时，这些体形更小的兽脚类恐龙依然坚持着肉食性动物的传统，它们猎食蜥蜴、昆虫、哺乳动物以及其他所有能抓到的猎物。

这些小家伙很酷！

不过它们都没大到能吃那些植食性动物，所以这一带应该还有大家伙，对吧？

冥河盗龙

蜥鸟盗龙

野蛮盗龙

啊，当然，比如达科塔盗龙。它是恐爪龙和伶盗龙的亲戚，不过体形大多了。

哇，这可真是个大家伙。

不过，就没有稍微……再大一点儿的吗？

哦，你的意思是说，就像……

真的……
它们还在。

你准备好参加
补考了吗？

完全准备好啦！

我绝对会考得特别好的。我还要告诉大家，恐龙、翼手龙、海洋爬行动物以及其他主龙类动物有多棒。

那我的工作结束了。

赶紧回家吧，罗妮，你还得写作业呢！

等等，我还有很多问题要问呢！你家门口的垃圾桶里为什么会有时空隧道啊？我以后还能这样穿越时空吗？

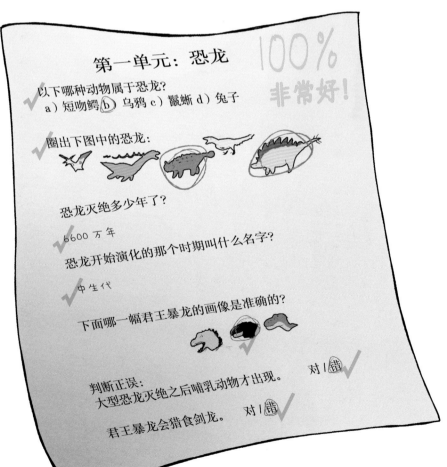

其他时代也有很酷的动物

小盗龙
生活在 1.3 亿—1.25 亿年前

这是一种非鸟恐龙类，它不仅上肢长着翅膀，下肢也有。

它不怎么会飞，但是非常擅长滑翔，而且可以用后腿上的翅膀在空中调整方向。

犹他盗龙
生活在 1.26 亿年前

在包含恐爪龙和伶盗龙的恐龙家族中，这家伙是体形最大的几种之一。

这是一种非鸟恐龙类，它长着奇怪的翅膀，和已知的所有恐龙都不一样！

它的翅膀有些像蝙蝠，但是支撑翅膀主体的并不仅仅是指骨，还包括一根延长的腕骨，非常独特。

奇翼龙
生活在
1.6亿年前

就像幻想中的西方龙一样！只不过它是真实存在过的。这是一种既特别又令人振奋的动物。

这是沧龙类中最长的几种之一。

海王龙
生活在8500万年前

这是一种头冠长得十分有趣的翼手龙。

夜翼龙

生活在8500万年前

猪鳄
生活在 9500 万年前

这种鳄鱼被称为"猪鳄"，因为它们密密麻麻的牙齿就像野猪的獠牙一样。这是会在陆地上奔跑的几种鳄鱼之一。我觉得它们非常酷。

这种鳄鱼的名字叫"薄饼鳄"，因为它们扁扁平平的脸就像一大张薄煎饼一样——如果薄煎饼有尖牙的话。

薄饼鳄
生活在 9500 万年前

这是到目前为止我们发现的最大的海龟。

古巨龟
生活在 7500 万年前

角龙类

肿头龙类

禽龙类

鸭嘴龙类

剑龙类

甲龙类

翼龙类

鸟臀目

鸟颈类主龙

鸟类

兽脚类

蜥臀目

单孔类动物

非鸟恐龙类

有袋类动物

蜥脚类

胎盘哺乳动物

波斯特鳄

鳄形超目

沧龙类

蛇

蜥蜴

蛇颈龙类

鱼龙类

鳞龙超目

上龙类

瓦氏龙鳄

植龙类

坚蜥

主龙亚纲

龟类

哺乳纲

摩根锥齿兽

词汇表

两栖动物：一种冷血动物，它们的卵没有硬壳，因此必须产在水中，以防干燥脱水。

鸟类：恐龙的一种，喙中没有牙齿，尾巴较短。

肉食性动物：以肉类为食的动物，比如君王暴龙。

头足纲：无脊椎动物的一支，包括章鱼、乌贼、墨鱼和鹦鹉螺。

冷血动物：不能自行调节体温，需要依靠阳光来取暖的动物。

共同祖先：如果某种动物演化成了许多不同种类的动物，那么就可以说这些动物拥有一个共同祖先。

针叶植物：叶子的形状像针一样的植物。

趋同演化：如果许多种彼此没有亲缘关系的动物演化出了相近的特征，那就是趋同演化的体现。比如，虽然鲨鱼是鱼类，海豚是哺乳动物，但它们的体形非常相似。

落叶植物：叶子会随着季节变化而脱落的植物。

生态位：生物生活的环境，它们吃什么东西，以及它们被什么东西吃。

演化：生物为了生存和繁衍而发展出全新的特征。

开花植物：使用花朵来将花粉传播到其他植株上的植物。

冈瓦纳大陆：位于南方的超大陆，包含如今的非洲、印度半岛、南美洲、大洋洲和南极洲。

植食性动物：以植物为食的动物，比如梁龙。

冰盖：地球南北极常年结冰的地区。

劳亚古大陆：位于北方的超大陆，包含如今的欧洲、北美洲和亚洲。

哺乳动物：会分泌乳汁养育幼崽的温血动物。

大灭绝：导致地球上大量生物灭绝的事件。

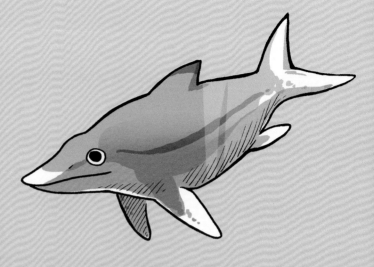

中生代：非鸟恐龙类存在过并最终灭绝的时代，持续时间为距今2.52亿年至距今6600万年。

突变：一种发生在生物DNA上的改变，它会导致这一生物拥有与父母完全不同的全新特征。有时，这样的特征能够帮助某一动物相比没有发生过突变的同类生存更长时间，留下更多后代，并让突变特征逐渐蔓延。这也是演化发生的过程。

非鸟恐龙类：不属于鸟类的恐龙。

杂食性动物：既能吃植物，也能吃肉的动物，比如维利安祖龙。

古生物学家：研究化石的人。

演化树：一种树状图，用来展示某种生物是由别的什么生物演化而来的，以及各种生物之间的亲缘关系。和家族树很像。

原始羽毛：一种像毛发一样的纤维，它最终演化成了羽毛。

超大陆：由几组大陆板块组成的巨大的地块。大陆板块是漂浮在地球表面的巨大岩石层。

脊椎动物：有脊椎的动物，所谓的脊椎就是你后背正中间那一组骨头。

温血动物：能够自己调节体温的动物，比如人类。

艾比·霍华德是一位全职漫画家，她带着自己的猫咪和宠物蛇一起生活在波士顿。她热爱恐龙、翼手龙以及它们已经灭绝了的所有同伴。

如果有机会的话，她一定会毫不犹豫地回到过去，哪怕会立刻被踩死或吃掉。

图书在版编目（CIP）数据

恐龙帝国 /(美)艾比·霍华德著绘；夏高娃译
. —北京：北京联合出版公司，2022.3
（远古有座动物园）
ISBN 978-7-5596-5654-4

Ⅰ.①恐… Ⅱ.①艾… ②夏… Ⅲ.①恐龙 – 少儿读
物 Ⅳ.①Q915.864-49

中国版本图书馆CIP数据核字(2021)第217184号

北京市版权局著作权合同登记 图字：01-2021-5965 号

Dinosaur Empire! (Earth Before Us #1):
Text and illustrations copyrights © 2017 Abby Howard
First published in the English language in 2017
By Amulet Books, an imprint of ABRAMS, New York.
ORIGINAL ENGLISH TITLE: Dinosaur Empire! (Earth Before Us #1)
(All rights reserved in all countries by Harry N. Abrams, Inc.)

远古有座动物园.恐龙帝国

作　　者：（美）艾比·霍华德　　　译　者：夏高娃
出 品 人：赵红仕　　　　　　　　　出版监制：辛海峰　陈江
责任编辑：李　红　　　　　　　　　特约编辑：王周林
产品经理：魏　儁　卿兰霜　　　　　版权支持：张　婧
装帧设计：人马艺术设计·储平　　　美术编辑：陈　杰

- -

北京联合出版公司出版
（北京市西城区德外大街83号楼9层　　100088）
北京联合天畅文化传播公司发行
天津丰富彩艺印刷有限公司印刷　新华书店经销
字数180千字　787毫米×1092毫米　1/16　24.75印张
2022年3月第1版　2022年3月第1次印刷
ISBN 978-7-5596-5654-4
定价：149.00元（全三册）

- -

版权所有，侵权必究
未经许可，不得以任何方式复制或抄袭本书部分或全部内容
如发现图书质量问题，可联系调换。质量投诉电话：010-88843286/64258471-800